JN175362

たかしよいち 文
中山けーしょー 絵

ダチョウの足をもつ羽毛恐竜

理論社

もくじ

←この角をパラパラめくると
ページのシルエットが動くよ。

ものがたり
オルニのたたかい

かあちゃんたちのしんぱい

しげみの中で、でっかいやつが、
ごそっとおきあがった。
頭に二本の角、鼻先に一本の角を
生やした、ウシかサイのような
かっこうをしたきょうりゅうだ。
そいつの名まえは、トリケラトプス。
かっこうだけは、なんだか強そうで、

おこりんぼうであばれんぼうのようだが、じつは、そうじゃない。ふだんは、草を食べるおとなしいきょうりゅうなんだ。でも、おこるとなかなかこわい。

トリケラトプスのまわりには、なかまたちが二〇ぴきほどもいて、草を食べたり、ねころんだり、あつい日ざしをさけて、休んだりしていた。

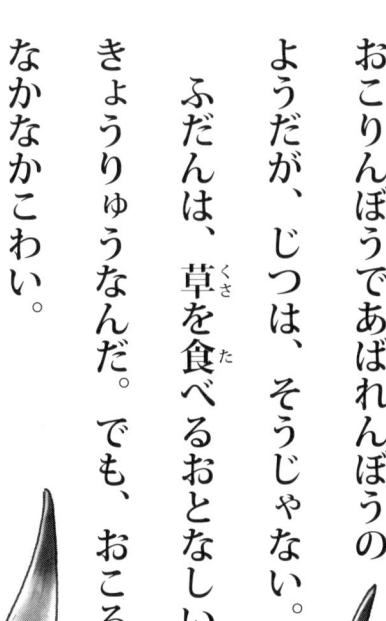

いつなんどき、あばれんぼうのゴルゴサウルスのやつが、

やって来ないともかぎらない。

だからこんなときでも、なかまのボスは、ちゃんと見はりをして、あたりに気をくばっているんだ。

いま、ごそっと、からだをおこしたのは、めすのトリケラトプス。なんだか、おちつかないようすで、しきりに首をまわし、あたりをキョロキョロ見まわした。

いったい、どうしたというんだ。

「ゴワッ　ゴワッ　ゴワッ！

（なんだか、いやな感じだわ。

わたし、とってもしんぱいよ）」

そいつは、頭を空に向けて、うなるようにないた。

その声に、まわりにいた、なかまの五、六ぴきが、いっせいに頭をあげた。

「ゴワッ！（そうよ、あたしもなんだか気になるわ）」

「クオ！（行ってみましょうよ）」

めすたちは六ぴき、たがいによびかけあうと、しげみからとび出し、のそのそ歩きだした。

「グオン！（どこへ行くんだ！）」
おすがあわてて、めすたちをよびとめた。
「ゴワ　ゴワ！（あんたの知ったこっちゃないわ。
あたしたち、たまごのことがしんぱいなのよ）」
おすのことばを、ぴしゃりとはねつけて、
かあちゃんたちは、気ぜわしげに、
とことこ、とことこ、水べの近くの、
砂浜のほうへ歩いていく。

　このかあちゃんたち、じつは
もう二週間も前に、砂場に

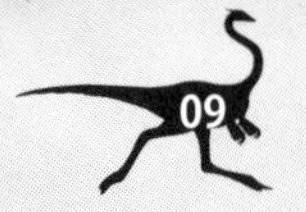

たまごを生んだのだ。そろそろ
あかんぼうが、からをやぶって、
外へ出てくるころだ。
もう、じっとしておれなく
なったかあちゃんたちは、
みんなつれだって、
砂場へやって来た。

たまごがぬすまれた！

「ゴワーッ！（あれえーっ……）」

なんてこった。砂場はすっかりあらされていて、目をそむけたくなるような、おそろしい光景がひろがっていた。

ほり出され、ふみくだかれた、たまごのからが、あちこちにちらばって

いる。なにものかに食べられた、
あかんぼうのあわれな骨が、
まわりにちらばっている。

「ゴワーッ！」

「ゴワーッ！」

トリケラトプスのかあちゃんたちは、もう気がへんになったように、あっちへうろうろ、こっちへうろうろ。砂場を行ったり来たりしながら、かなしいひめいをあげた。

せっかく生んだたまごを、こんなにもむごたらしく、あらされたんだもの、そりゃ、

どんなにか、かなしく、くやしいことだろう。

いったい、たまごをあらしたやつは、どいつなんだ。

なんとしても、このうらみは、はらしてやるわ！

トリケラトプスのかあちゃんたちは、むねんの思いで、あたりのようすを見まわしていた。

そのころ、そこから、ほど遠くないしげみの中で、フワーッと大きなあくびをして、ひょい、ひょい、ひょいと、立ちあがったやつらがいる。

ダチョウ？　いや、そうじゃない。ダチョウによく似てはいるのだが、長いしっぽに、長い首、細く長い前足をもち、

ダチョウより、はるかにでっかい、れっきとした
きょうりゅうだ。
その名(な)は、オルニトミムス。ちょっと、したを
かみそうな名(な)まえだから、りゃくして「オルニ」
とよぶことにしよう。
「チーッ！(ねむたいよう！)」
「ツィー！(なんてことを！もうとっくに、
おひるだよ)」
コツン！かあちゃんオルニが、ちびオルニの
頭(あたま)を、とがった口先(くちさき)でつつき、こごとをいった。

「チッ！（いてえ……）」

そこで、ちびオルニはようやく目がさめ、ファーッ！　と、思いっきり大あくび。

それにしても、きのうの夕方はひどかった。かあちゃん、ねえちゃんの三びきで、たまごをさがしにでかけ、せっかくトリケラトプスのたまごを見つけたのに、トロオドンのやつに横どりされてしまったのだ。

トロオドン。こいつは、からだはちびだが、おそろしくケンカずきで、トカゲやヘビたちから、

「小さな殺し屋」とおそれられている、きょうりゅうだ。

トカゲやヘビなどの、小さな生きものも食べるが、きょうりゅうのたまごが大すき。オルニたちにとっては、手ごわいライバルだ。

「チチチチッ！（かあちゃん、たまごが食べたいよう）」

ちびオルニは、かあちゃんにいった。

「ツィーッ！（ばかね、たまごぬすみは、いのちがけなのよ）」

横から、ねえちゃんオルニが、

ちびをにらんでいった。

そのとおりだ。きのうも、トリケラトプスのたまごをぬすみにいき、せっかくほり出(だ)したところを、トロオドンたちにおそわれたばかりだ。

それに、あの強(つよ)いとうちゃんだって、たまごぬすみにでかけ、ゴルゴサウルスにつかまって殺(ころ)されてしまったのだ。

にげ足(あし)の速(はや)いオルニ

三びきの親子(おやこ)のオルニは、おなかをすかしながら、しげみを出(で)た。

と、すぐ向(む)こうから、殺(ころ)し屋(や)のゴルゴサウルスが、ギョロギョロした目(め)つきで、えものをさがしてやって来(く)るのに出(で)あって、ギョッ！

「ツィーッ！（にげるのよ！）」

かあちゃんオルニがさけんだ。

「ガオーッ！」

おなかをすかしたゴルゴサウルスは、三びきのオルニを見つけると、さっと、とび出してきた。

ちびオルニはおったまげて、声もたてずにかあちゃんとねえちゃんのあとを追って、にげだした。

走ることにかけちゃ、じまんじゃないが、きょうりゅうなかまのナンバーワン。細くしなやかな足で、全速力でにげれば、どんなきょうりゅうも追いつけない。

あっというまに、ゴルゴサウルスのついげきをかわして、ほっ！　とひと息。

強いぞトリケラトプスのかあちゃん

せっかくのえものをのがしたゴルゴサウルスは、ふきげんに、クンクン鼻をならして、しきりににおいをかいだ。

と、風にのって、えもののにおいが流れてきた。

ゴルゴサウルスは、からだをかがめ、しのび足でゆっくりと、風のにおいのほうへ近づいていった。

いた！　六ぴきのトリケラトプスが、なんだかしょげかえり、すっかりしずんだようすで、ゆっくりと、しげみの向こうを、こちらに向かってやって来るではないか。

それは、たまごをぬすまれた、あのかあちゃんたちだった。トリケラトプスのかあちゃんたちは、砂場から、なかまのいるしげみへ、帰ってくるとちゅうだった。

ゴルゴサウルスはゴクン！　と、なまつばをのみこみ、

じーっとねらいをつけた。ひさしぶりのえものだ。トリケラトプス一頭をたおせば、なん日も食べなくたって、しばらくおなかはまんぷくだ。

「ガウーッ！」

ころはよし、と見たゴルゴサウルスは、先頭のトリケラトプスめがけて、おそいかかった。

「ゴワッ！」

六ぴきのトリケラトプスは大あわて。だがにげだすには、もうおそい。相手は、あばれんぼうのゴルゴサウルスだ。

こうなったら、頭の角でたたかうよりほかにない。

ゴルゴサウルスにおそいかかられたトリケラトプスの一ぴきは、さっと頭をさげ、角を前にふりたてた。

ピシューッ！　とびかかったゴルゴサウルスの前足が、トリケラトプスの角にふれて、赤い血がとびちった。ゴルゴサウルスは、いっしゅんひるんだ。だが、さっと、からだをたてなおし、こんどは、うしろ向きに、くるっとからだを入れかえた。

そして、角を前につき出したトリケラトプスの鼻先を、ボーンと力いっぱい、太いしっぽでひっぱたいた。

バシーッ！　いっしゅん、トリケラトプスの目玉から火花がとびちり、頭がクラクラッとして前につんのめった。

そこへ、すばやくゴルゴサウルスがとびこんできた。がんじょうなうしろ足をもちあげると、トリケラトプスの頭をおさえこんだ。

もしこのとき、横からべつのトリケラトプスがとび出し、ゴルゴサウルスの横っ腹に、角つきをくらわせなかったら、このトリケラトプスの、いのちはなかっただろう。

なかまがあぶない！　と見ためすの一頭が、だーっ！　と、もうれつないきおいでつっこんでくると、ゴルゴサウルスのわき腹めがけて、するどい角でつきさした。

「グワッ！」

ゴルゴサウルスのわき腹はやぶれ、腹わたが、赤い血といっしょにとび出した。

もはやこれまで。すきをつかれたゴルゴサウルスの、完全なまけだ。ゴルゴサウルスの大きなからだは、ドターッ！　と地べたにころがり、顔を空に向け、大きな口をいっぱいにあけて、クククーッ！　と、苦しそうにもがいた。

「グォーン！（やったぞーっ！）」

おすを先頭にして、なかまのトリケラトプスたちが、六ぴきのかあちゃんトリケラトプスのところへ、かけよってきた。

母は強い。せっかく生んだ子どもを、ならずものに殺され、おこったトリケラトプスのかあちゃんたちは、ゴルゴサウルスを相手にたたかい、ついに勝利をおさめたのだ。

「グォオオーン（さあ、しげみに行って、ゆっくり休もう）」

おすのトリケラトプスは、いつもよりずっとやさしく、かあちゃんたちにいった。かあちゃんたちの強い力を、まざまざと目の前に見せつけられたからだ。

思いがけないごちそう

そのようすを、そっと、ものかげで見ていたのが、小さな殺し屋のトロオドンだ。じつは、このトロオドンが、なかまをさそって、トリケラトプスのたまごを食べたのだ。からだこそ小さいが、すばしっこいやつだ。

「へっへっへ……

ざまあみろだ。さあて、きょうはゆっくりと、ゴルゴサウルスさまの肉を、ごちそうになるとするか」

トロオドンは、しげみから、のこのことび出してくると、血まみれになって横たわる、ゴルゴサウルスの頭に足をかけ、まず、その目玉を、細い口でぐさりとついた。相手が、完全に死にたえたかどうかを、たしかめるためだ。

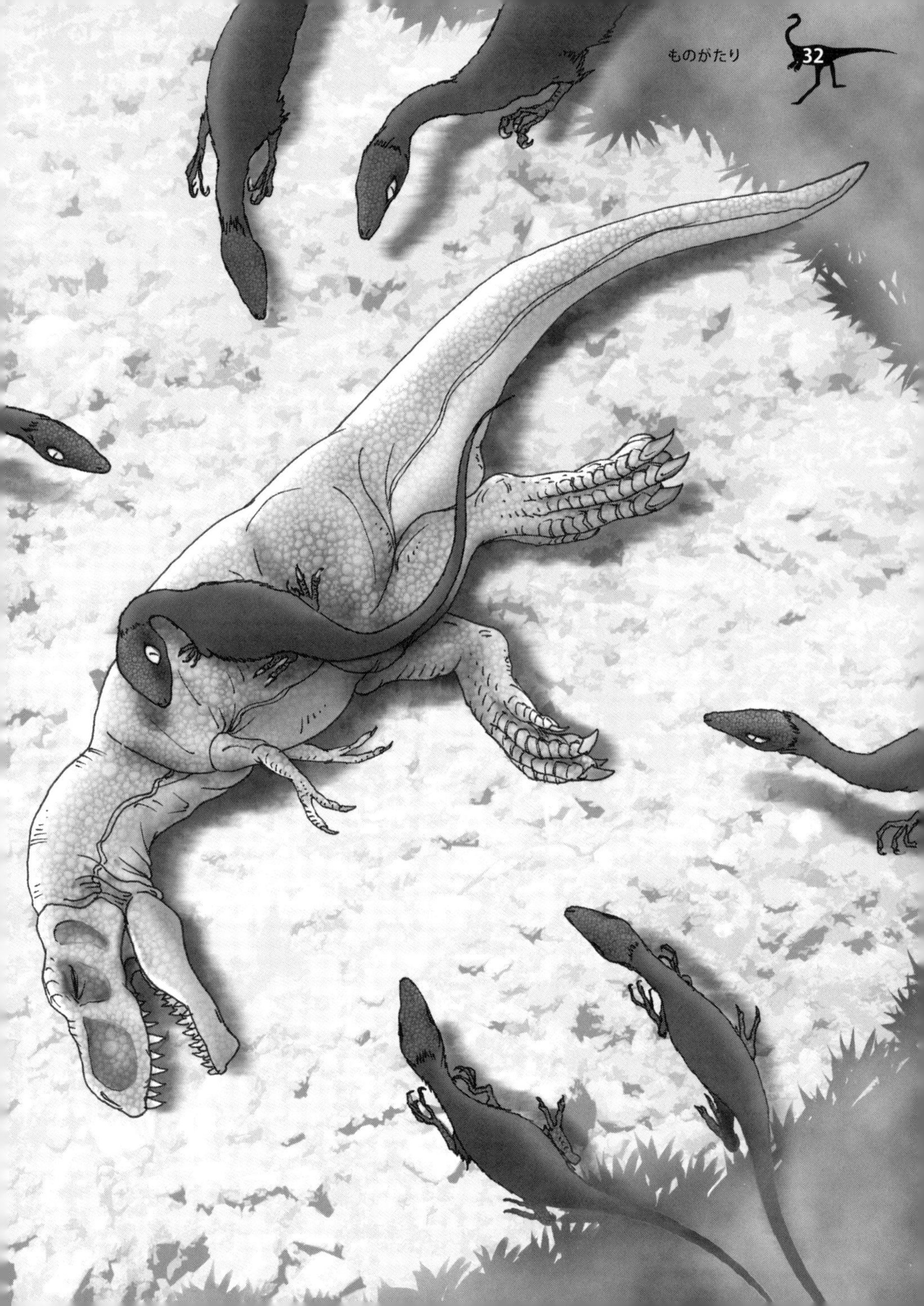

つぎに、ゴルゴサウルスの、のどにかみついた。こうしておけば、二度とおそろしい相手が、よみがえることがないことを、トロオドンはよく知っていた。

「キキキキーッ！」

トロオドンは、横たわったゴルゴサウルスの頭にのり、長い首をのばして、なかまをよんだ。と、どうだ。しばらくすると、あっちからもこっちからも、トロオドンのなかまたちが、トコトコトコトコ、身がるな足さばきでかけてきた。

「キーッ！　キキキキ（ごくろう、ごくろう。あばれんぼうの肉を食べられるなんて、ありがたいね）」

トロオドンのなかまたちは大よろこび。ゴルゴサウルスのからだのあちこちをひきさいて、食べはじめた。
ふだんだと、自分たちのほうが、このおそろしい相手に食べられるのだが、きょうはちがう。トリケラトプスのかあちゃんが、みごとにゴルゴサウルスをたおした。しかもトリケラトプスは草を食べるきょうりゅうだから、たおした相手には、見むきもせずに行ってしまった。なんのくろうもしないで、ごちそうにあずかるなんて、なんともはや、トロオドンたちはついている。いつもは、小さなトカゲやヘビ、それにきょうりゅうのたまごを

食べるのがせいいっぱいなのに。きょうは、
なんてすばらしい日なのだろう……。
トロオドンたちは、ただもう
むちゅうで、ゴルゴサウルスの
大きなからだに食らいついていた。

ちびオルニのたたかい

それから、なん日かすぎた……。
あつい昼間の日ざしが、山の向こうに落ちると、

あたりはしだいに、暗くとざされていく。

「チッ！（しずかに歩いて！）」

かあちゃんオルニは、うしろのねえちゃんとちびにいった。

三びきは、いくつかのしげみをとおり、広い砂地へやって来た。かあちゃんは立ちどまり、鼻先を地面につけて、くんくん、においをかいだ。そして、前足でしきりに砂をほった。

「ツィ！（あったよ）」

かあちゃんは、みごとに、たまごを見つけた。ねえちゃんと、ちびはかけよった。そして、三びきは、まったくきような手つきで、まわりの砂をほった。

「チー（でかい）」

砂の中から、大きなきょうりゅうのたまごが、すがたをあらわした。あばれんぼうゴルゴサウルスのたまごだ。トリケラトプスの角にやられて死んだ、あのゴルゴサウルスが生みつけたばかりのたまごだ。

かあちゃんオルニは、ゴルゴサウルスが死んだと知ると、すぐに、そいつが生んだたまごをねらって、やって来たのだ。もう、このたまごを生んだめすはいない。あんしんして、たまごをぬすむことができる。

かあちゃんオルニは、たいしたやつだ。すごいちえだ。

ひょろ長な、でっかいたまごの上半分を、すっかりほり出すと、まずかあちゃんが、とがった口でコツン！　と力いっぱいからをつついた。だが、からはやぶれない。

コツン、コツン、コツン、ペシャッ！

ようやくからがやぶれて、中から、
どろんとしたものがあふれ出てきた。
生みたてのたまごの、しろみときみだ。
ペチャペチャペチャ、ゴクン！
かあちゃんが、まず、中に口を
つっこんでしろみときみを食べた。
つぎに、ねえちゃん。

ところがそのとき、うしろの
ほうから、トットットッ……と、
砂をけって、なにものかがかけてきた。

「キキーッ！（こらあ、どろぼうめ！）」

なんと、そいつは、あの小さな殺し屋のトロオドン。きのうのやつだ。かあちゃんオルニも、ねえちゃんオルニも、あわてて、たまごのそばからとびのいた。この小さな殺し屋に、きのうもさんざん、ひどいめにあわされ、たまごを横どりされたばかりだ。

だがちびオルニだけは、トロオドンをにらんで身がまえた。

「キーッ！（どけっ、ちびやろう）」

「チチッ！（いやだ。おいらたちが

先に見つけたんだぞ)」

「キキーッ!(このやろう、きのうみたいに、ひどいめにあいたいか)」

トロオドンは、ぱっ！　ととびこんでくると、すばやく、ちびに足ばらいをかけた。ちびはストン！　とその場にひっくりかえった。トロオドンは、ちびの上にとびのり、するどいツメでガシーッ！　とちびのからだをおさえた。

そのとき、すかさずちびは、力いっぱい首をのばすと、相手ののどをねらって食らいついた。

「キキーッ！（しっかり！　そのちょうし）」

かあちゃんがさけんだ。ちびは、ひっしに食らいついた。

「ムグーッ！」

トロオドンののどから赤い血がふきだし、苦しそうにうめくと、ちびをおさえていた力が、がくん！とゆるんだ。

ちびは、すばやくはねおきると、こんどはトロオドンの腹を、力いっぱいくちばしでついた。

プシューッ！　まるで空気のぬけたゴムまりのような音をたてて、トロオドンの腹がやぶけた。

「キキ――ッ！」

暗くなった夜の空に、長い首を空に向けて、さいごのあがきをつづける、トロオドンの声がひびいた。そして、そのまま、だらりとなって

息たえた。

「チチチッ！」

「チチチチチ！（やったわ！）」

かあちゃんと、ねえちゃんが、さけんだ。でも、ちびは、なにがなんだかわけがわからず、ただ、ぽかーんとして、その場につっ立っていた。

「ツイーッ！（でかした、でかした。たいしたもんよ、おまえ、自分の力で、殺し屋をたおしたんだよ）」

その声に、ちびは、はじめて自分が、あの「小さな殺し屋」トロオドンに勝ったことを知ったのだ。

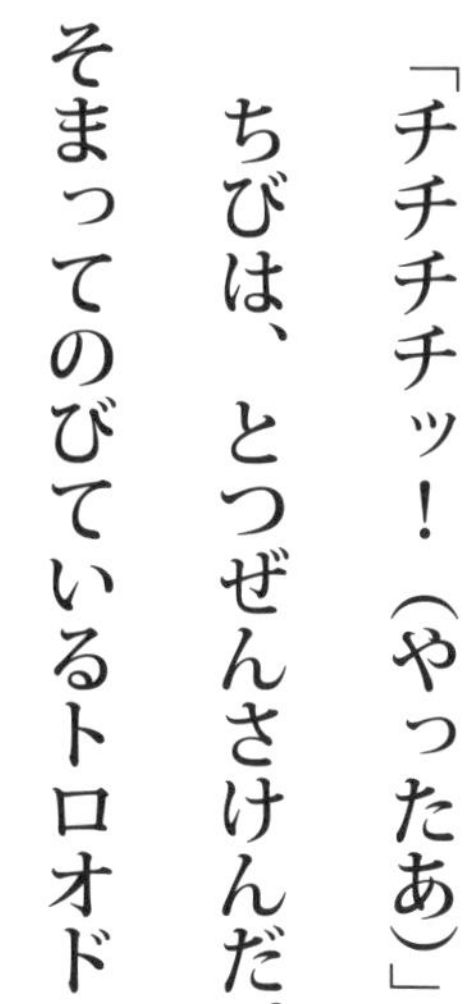

「チチチチッ！（やったあ）」

ちびは、とつぜんさけんだ。そして、血にそまってのびているトロオドンのからだにとびのった。

あたりは、しーんとして、なんの音もしない。夜の空には、こうこうとした月が、地上をあかるく照らしていた。

トロオドンのほかのなかまたちは、まだ、
このことに気づいていないようだ。
さあ、いまのうちに、たまごを
いただかなくちゃ……。
「チチチッ！（さあ、こんどは、
おまえのばんだよ）」
かあちゃんがいった。
ズズズズー、ゴクン！　ちびは、
思いきり、たまごのなかみをすった。
……うまい！

なぞとき
アルバータのきょうりゅうたち

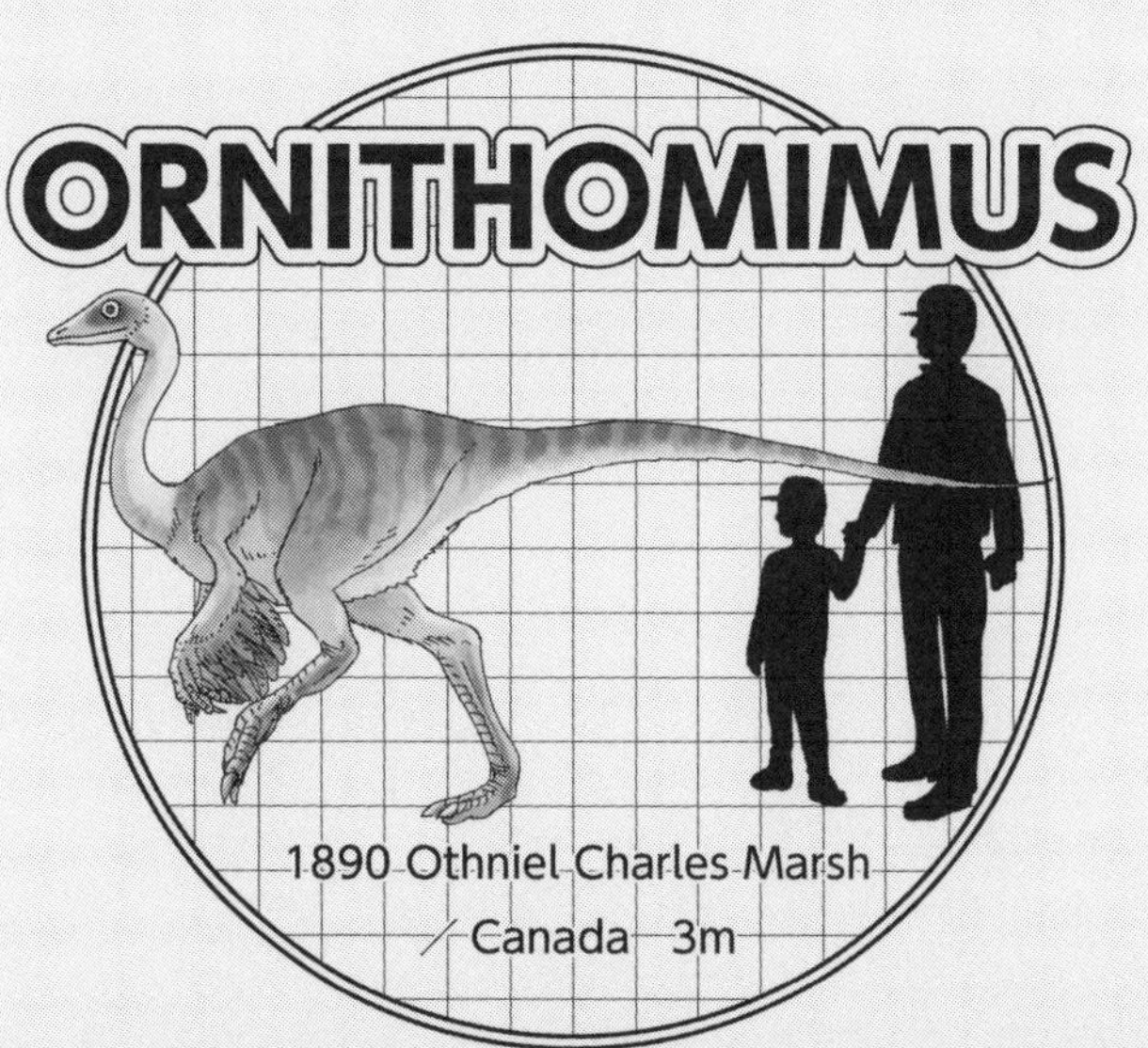

きょうりゅうのふるさと

カナダのアルバータ州は、世界でも有名なきょうりゅうの産地です。

草や木の育たない赤茶けた不毛の岩山（バッドランド）から、これまでに数多くのきょうりゅうの骨が発見されました。

一九世紀の終わりごろに、レッド・ディア川ぞいのがけから、きょうりゅうの化石が見つかっていらい、今日まで、きょうりゅうの

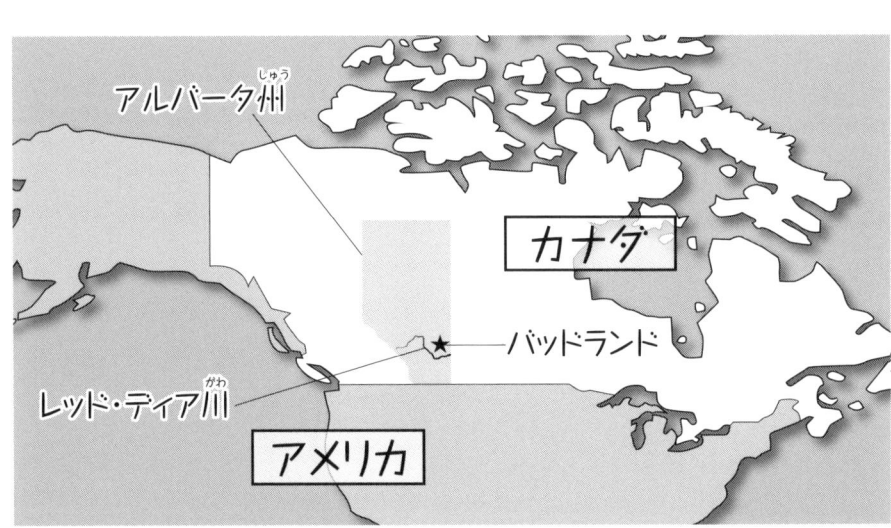

アルバータ州
カナダ
バッドランド
レッド・ディア川
アメリカ

発掘がつづけられ、発掘のようすを見ることができるきょうりゅう公園もあります。

この本の中には、さまざまなきょうりゅうたちが登場しましたが、じつはそのすべては、このアルバータ州で発見された、いまから約八千万年前（中生代・白亜紀後期）のきょうりゅうたちなのです。

まず、はじめに登場したのが、トリケラトプス。お話の中では、トリケラトプスのめす（かあちゃん）が、自分の生んだたまごがしんぱいで、見にいくところがありました。

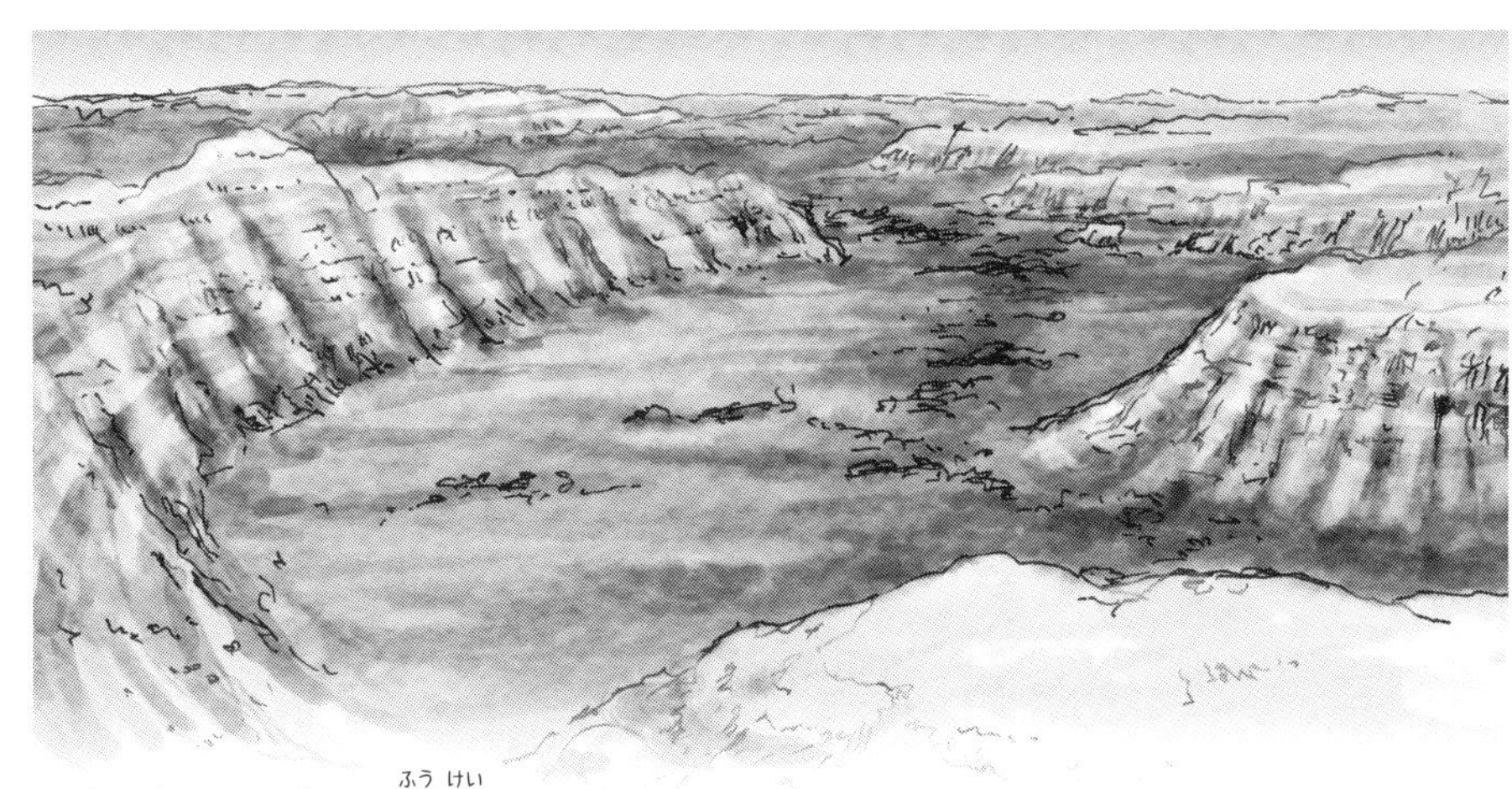

バッドランドの風景

行ってみてびっくり。たまごは、すっかりあらされていました。

そのたまごを、最初に見つけたのがオルニトミムス。このものがたりには、親子三びきのオルニトミムスが登場しました。

そして、つぎに出てきたのが、オルニトミムスのライバル、トロオドンでした。

トロオドンは、「小さな殺し屋」とよばれるほどのらんぼうもので、トカゲやヘビなどを食べ、きょうりゅうのたまごもぬすんで食べます。しかし、肉食きょうりゅうゴルゴサウ

ルスにはかないません。

ゴルゴサウルスは、オルニトミムスをおそいますが、にげられてしまい、つぎにトリケラトプスを見つけて、おそいかかります。ところが反対に、トリケラトプスにやられてしまい、たまごも、オルニトミムスに食べられてしまいました。なんとも皮肉な話ですね。

ものがたりには、いじょう四種類のきょうりゅうたちが登場したわけです。

さて、それでは、それらのきょうりゅうの、

アルバータ州で見つかった きょうりゅう たち…①

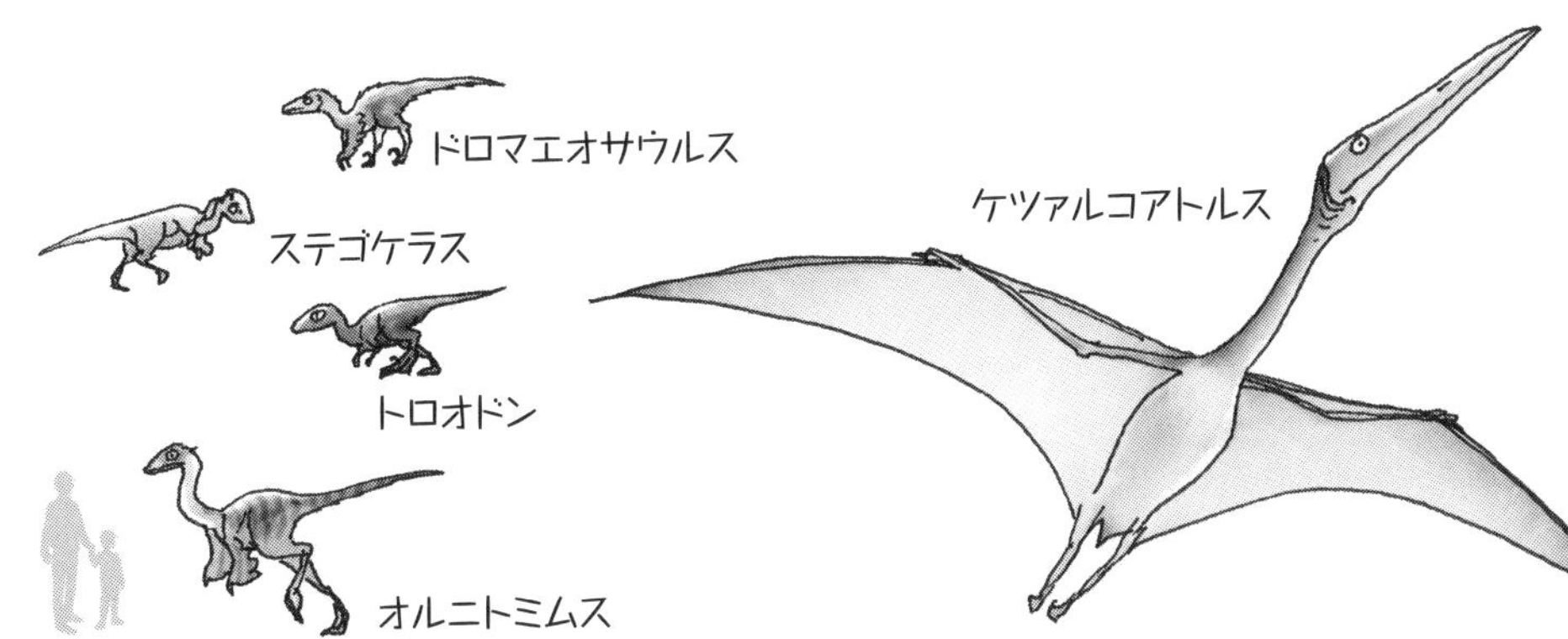

とくちょうについてお話ししましょう。

①トリケラトプス

トリケラトプスとは、「三本の角をもつ顔」という意味です。下の絵のように、頭の上に二本、鼻の上に一本の角があります。

トリケラトプスは、角竜とよばれるきょうりゅうのなかまで、ほかにもセントロサウルス、カスモサウルス、スティラコサウルスなどがいます。これら角竜の祖先は、これまでプロトケラトプスと考えられていましたが、その後、アーケオケラトプスやリャオケラト

プスなど、プロトケラトプスよりも原始的な角竜が発見されています。

プロトケラトプスの化石は、アメリカ探検隊により、モンゴルのゴビ砂漠で発見されましたが、そのとき、たまごの化石が世界ではじめて発見され、大きな話題になりました。

プロトケラトプスに角はありませんが、角竜のとくちょうである、カメのようなくちばしと、首をおおう大きなフリルがあります。

角竜は、いまのウシかサイのように、がっちりした四つ足でからだをささえており、長

アルバータ州で見つかった きょうりゅう たち…②

く太い尾をもっていました。

もともとアジアにいたプロトケラトプスが長い年月のあいだに移動して、北アメリカでさかえ、頭に角を生やし、からだもぐんと大きくなったのだという学説もあります。

この本に登場するトリケラトプスは、これまでに数百体分の骨が発見されていて、最初発見されたときには、野牛の祖先だと思われたそうです。

発見されたものでいちばん大きいのは、体長九メートル、重さはおよそ八トンもありま

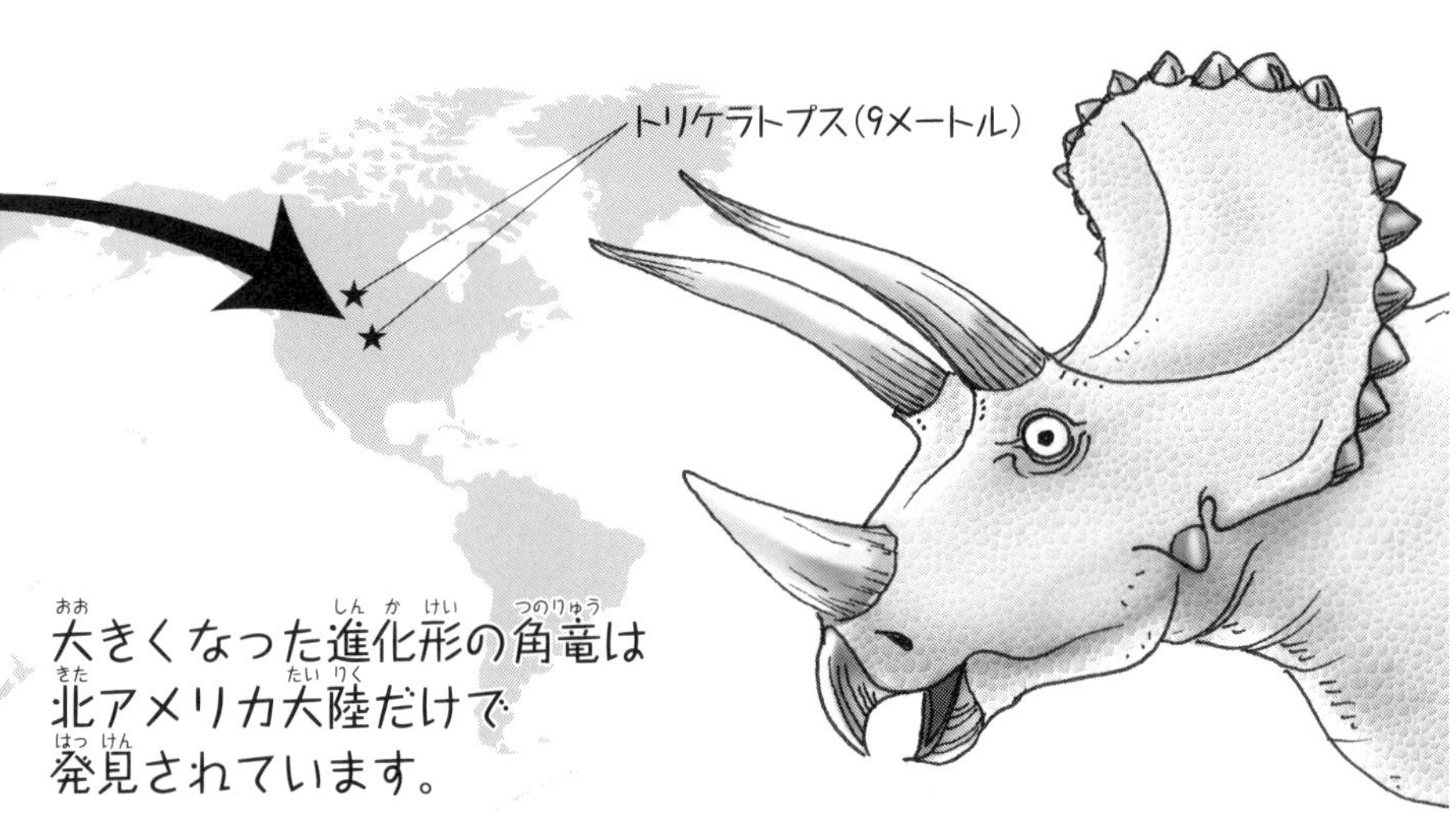

大きくなった進化形の角竜は
北アメリカ大陸だけで
発見されています。

した。まるで重戦車といった感じですね。角の長さは一メートルほどもあります。

ところで、トリケラトプスのなかまのセントロサウルスの化石が、アルバータ州のバッドランドというところで、一か所からたくさんかたまって発見されたことがあります。

古生物学者たちが化石を調べてみると、骨のおれ方が、たいへんなまなましく、おそらくむれで川をわたっているときに、大ぜいがもつれあい、ふみつぶされたりして、おれたのだろうと考えられています。

そのことから角竜のなかまは、今日のバイソン（野牛）のようにむれですみ、集団で行動したのではないかと考えられています。

このアルバータ州からは、二〇一五年、トリケラトプスのなかまで「レガリケラトプス」（「王冠をつけた」の意）という、新種のきょうりゅうが発見され、話題になりました。

日本でも、二〇〇九年に兵庫県篠山市で、また二〇一三年に鹿児島県の下甑島で、ケラトプス類の歯の化石が見つかっています。

②オルニトミムス

レガリケラトプスの復元模型

オルニトミムス（「鳥に似たもの」という意味）は、「ダチョウきょうりゅう」とよばれるきょうりゅうのなかまです。ちょうどいまのダチョウのように、細く長い足で、超スピードで走ることができたからです。

頭骨は小さくて細長く、くちばしには歯がなく、あごはダチョウそっくりの形をしています。体長はおよそ三メートル、体重は一〇〇キロありました。

二〇一二年に調べた北海道大学などの調査によると、全身が羽毛におおわれていた可能

オルニトミムスとダチョウの骨格模型

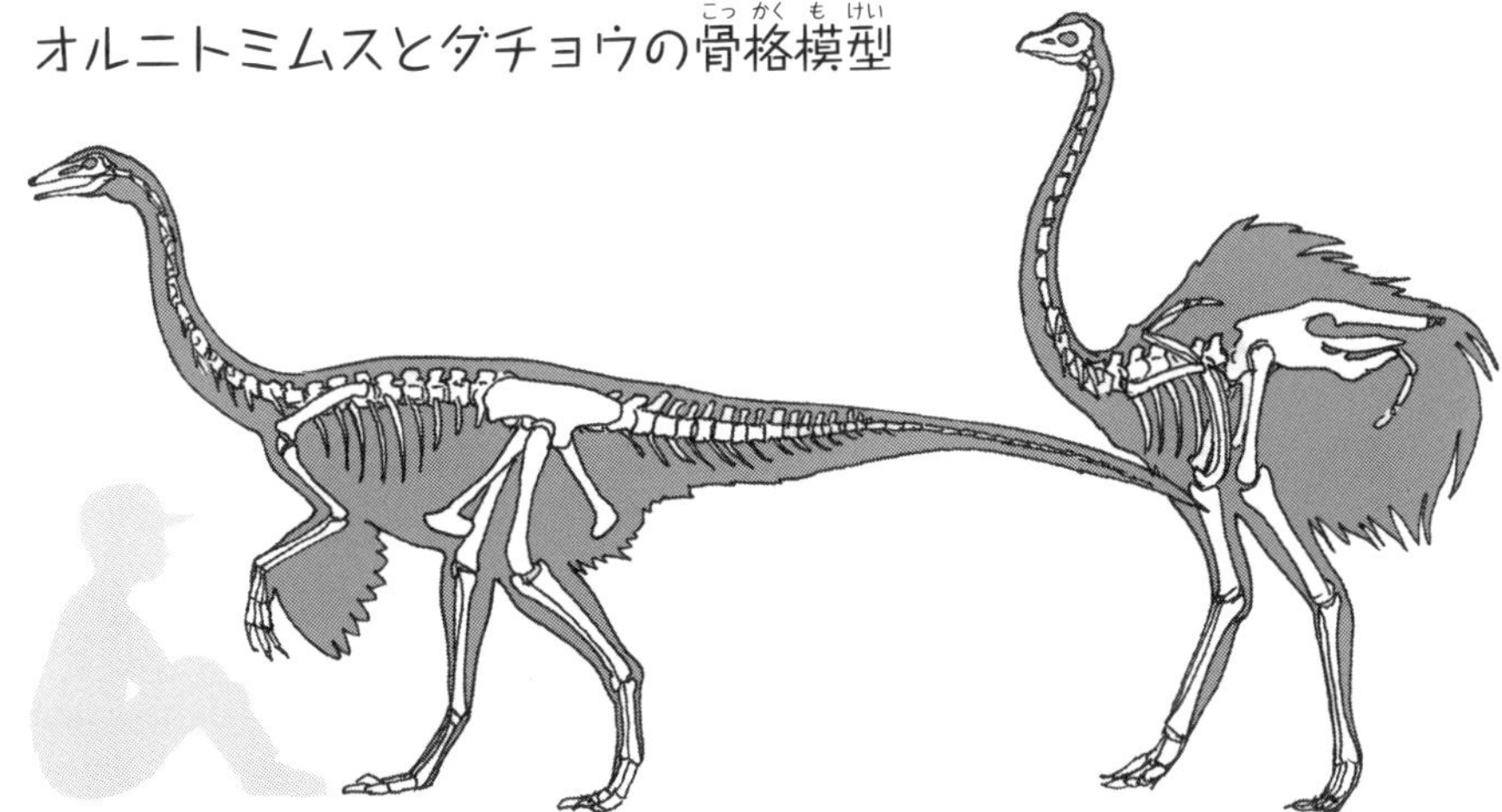

性が高いということです。

長い足には三本のつめがあり、走るときには、足のうら全体をつけないで、まるでとぶように走ったと考えられています。

古生物学者によると、きょうりゅうの中ではいちばんスピードが速く、ウマよりも速く走れただろう、といっています。

細くしなやかな手は、ものをつかむのにべんりで、トカゲや小さな昆虫、それに、ほかのきょうりゅうが生んだたまごを、こっそりほり出して食べたことも十分考えられます。

映画「ジュラシックパーク」などに登場するオルニトミムスは羽毛のない復元モデルでした。

したがって、このものがたりでは、トロオドンとおなじく、トリケラトプスやゴルゴサウルスの、たまごをぬすむきょうりゅうとしてえがきました。

とくに注目したいのは、オルニトミムスの大きな目は、かなり暗いところでも、ものを見ることができたのではないかといわれていることです。その目は夕ぐれや夜あけを待って、たまごをぬすむのには、かっこうの役目をはたしたと思われます。

③トロオドン

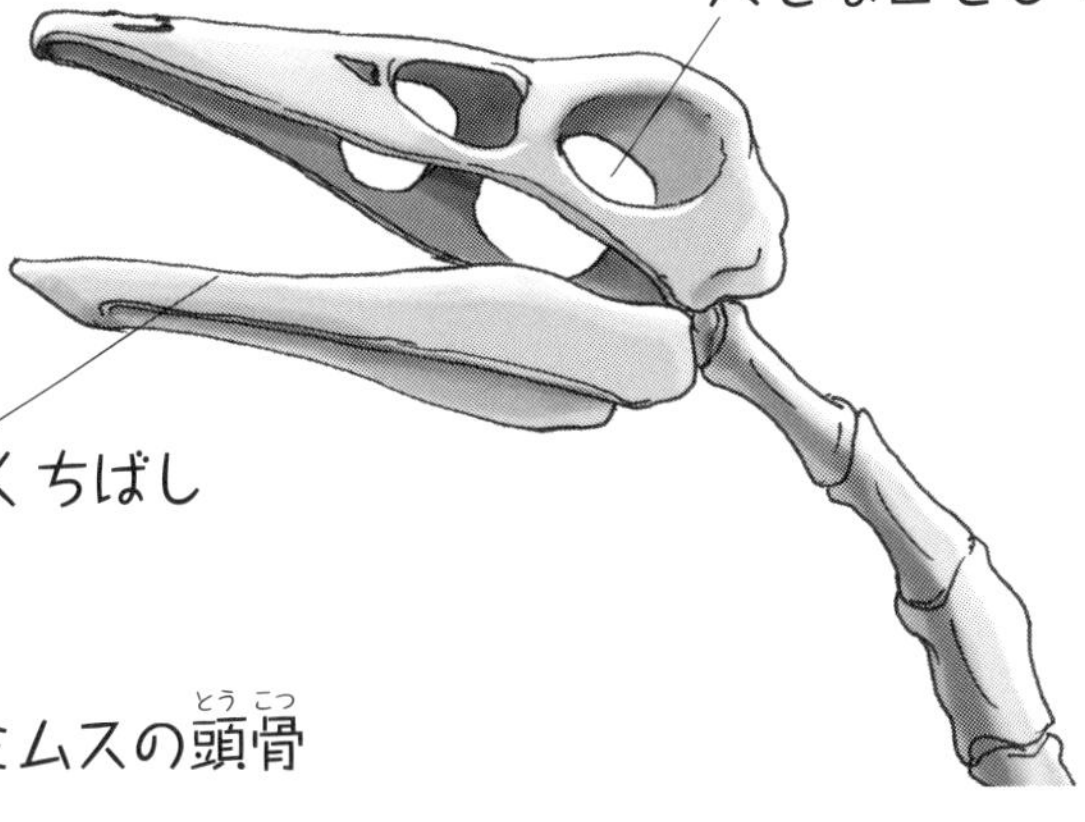

大きな目をしていました。

歯のないくちばし

オルニトミムスの頭骨

トロオドンとは「傷つける歯」という意味で、かつてはステノニコサウルスとよばれていました。

全体のからだのつくりは、オルニトミムスに似て、長い足に長いうでをもち、かたくとがった尾がありました。前足の三本の指には、するどいつめがあり、しかも口には歯があり、まさに「小さな殺し屋」そのものでした。

からだの長さは二メートルと、オルニトミムスより小さく、体重も、大きなもので五〇キロぐらいだったと、考えられています。

しかし、体重のわりに脳の重さは五〇グラムもあり、「中生代でいちばん頭がよかったきょうりゅう」という説もあります。

④ゴルゴサウルス

ゴルゴサウルスは、「どうもうなトカゲ」という意味で、あのティラノサウルスのなかまです。この本のシリーズ『パキケファロサウルス』にも登場した、肉食きょうりゅうのギャングです。

がんじょうな大きな頭とからだ、足をもっていますが、手は小さくて、二本の指しか

トロオドンの復元模型

羽根あり

ありませんでした。

ゴルゴサウルスは、ティラノサウルスよりやや小さくて、からだの長さは九メートル、重さは、約二トンと考えられています。

前に出てきた、トリケラトプスやオルニトミムス、トロオドンなどとおなじように、カナダのアルバータ州や、アメリカのモンタナ州などで化石が見つかっているところから、いまの北アメリカを中心に、すんでいたと考えられています。

おそらく、ほかのきょうりゅうたちにとっ

ダスプレトサウルス　ティラノサウルス

ては、なによりもおそろしい、あばれんぼうだったにちがいありません。

きょうりゅうのたまご

さてこの本では、とくに、きょうりゅうのたまごを話題にしてものがたりを組み立てました。

まず、トリケラトプスが生んだたまごが、小さな殺し屋のトロオドンによって食べられてしまいます。また、ゴルゴサウルスが生ん

アルバータ州で見つかった きょうりゅう たち…③

だたまごも、生んだあと、すぐにオルニトミムスの親子に食べられます。

きょうりゅうのたまごについては『マイアサウラ』や『ステゴサウルス』の本の中にも書きましたが、おもな発見地についてお話ししましょう。

これまできょうりゅうのたまごは、世界各地で発見されていますが、その中で有名なのが、ゴビ砂漠（モンゴル）で発見されたプロトケラトプスのたまごと、それに、フランス南部のプロバンスやスペインで見つかった、

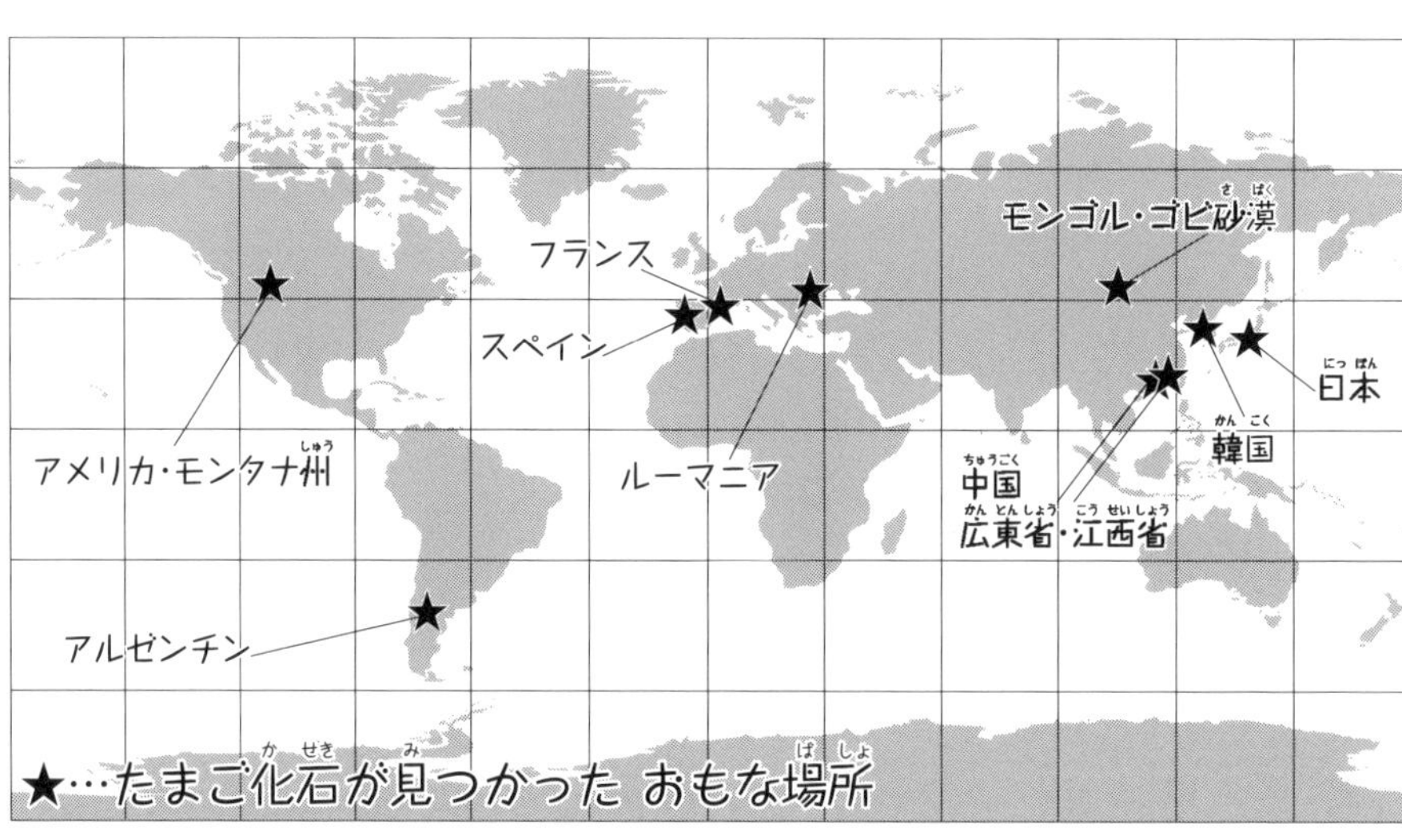

ヒプセロサウルスのたまご。さらには、アメリカのモンタナ州で発見されたヒプシロフォドンのたまごに、マイアサウラのたまごです。そのほか中国などでも発見されています。

これまで発見されたきょうりゅうのたまごのうち、もっとも大きかったのは、ヒプセロサウルスのものと思われる、長さ三〇センチ、はば二五センチのたまごです。

ヒプセロサウルスは「そびえ立つトカゲ」という意味で、ヨーロッパにいた草食きょうりゅうです。ティタノサウルスのなかまです

17,000個ものたまご化石が発見されている中国広東省河源市では
2015年にも道路工事の現場から43個のたまご化石が見つかりました。

が、体長は約八メートルくらいでした。

それにしても、ヒプセロサウルスのたまごの大きさが三〇センチとは、いがいに小さいと思いませんか。きょうりゅうはどんなに巨大でも、わたしたちが考えるほど、大きなたまごは生まなかったようです。

『ステゴサウルス』の本でものべたように、きょうりゅうはたまごを小さく生んで、生まれたあとは、大きく育てた、ということになります。

これまで発見されたたまごでいちばん小さ

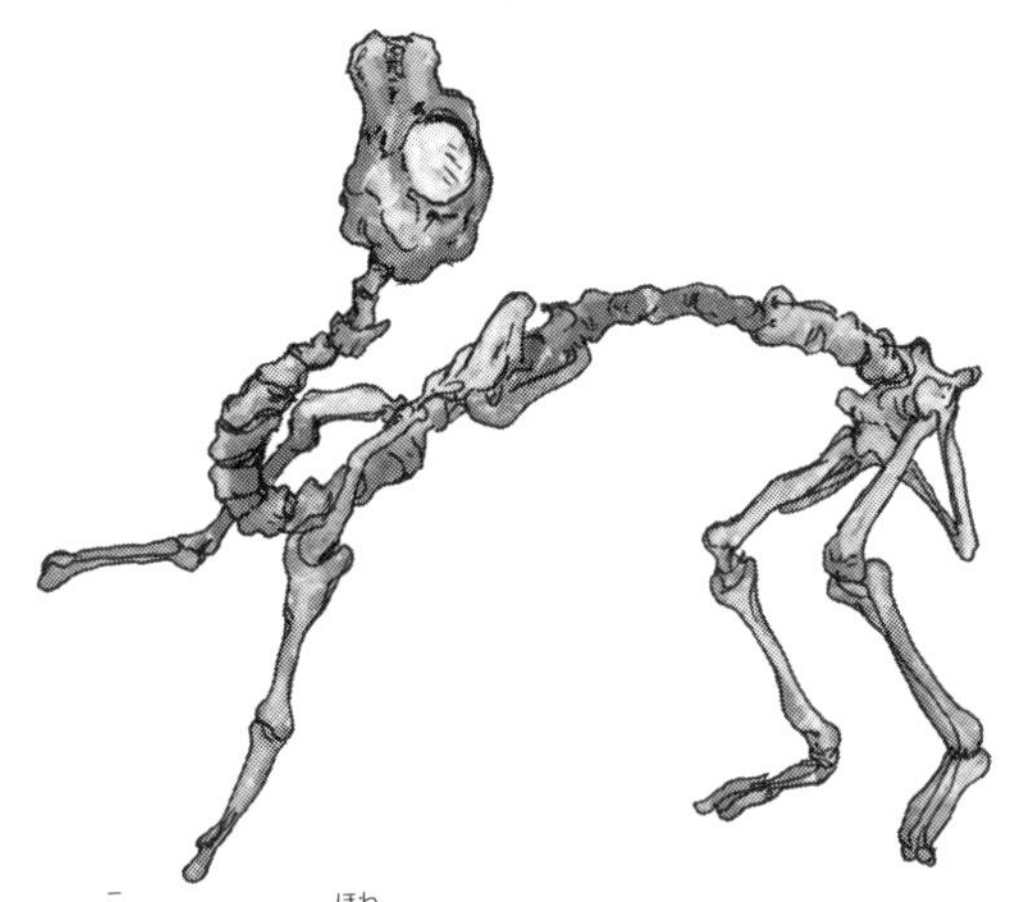

ムスサウルスの子どもの骨

いのは、ムスサウルス（三畳紀・いまから約二億年前）のたまごといわれ、大きさはウズラのたまごほどでした。ムスサウルスとは「ネズミトカゲ」という意味で、たまごといっしょに二〇センチメートルほどの、ムスサウルスの子どもの骨も発見されています。

ところが、世界最小のたまご化石が日本で見つかった！　そんなニュースがとびこんできたのは、二〇一六年一月のことです。

見つかったのは兵庫県丹波市の、一億一千万年前（白亜紀前期）の地層からで、オルニ

ムスサウルスの復元想像図（大きさは2～3メートルといわれています）

トミムスに似た小型獣脚類か鳥類のたまごと思われるものでした。

いくつものたまご化石が、たくさんかたまって見つかったのですが、なんとその大きさは、人の親指ほど小さく、ウズラのたまごくらいだというのですから、「世界最小」といわれるのもうなずけますね。

ヒプシロフォドンのたまご

『ステゴサウルス』の本では、ステゴサウル

黒っぽい部分がたまご化石

スのひなが、ひとりでからをやぶって、おかあさんのところへ、とことこでかけていくところがありましたね。

つまり、今日のカメやワニのように、親は砂場にたまごを生み、たまごは太陽の熱で、ひとりでにからの中で成長し、やがて、からをやぶって出てきます。

きょうりゅうの中には、そんなのがいたことは、まちがいないようです。

アメリカ、モンタナ州のテントというところで、一二個のきょうりゅうのたまごが発見

小型獣脚類の復元想像図

されました。また、たまごが生まれたあとの、からの化石も見つかりました。古生物学者が、たまごをわって中を調べてみると、小さな骨が出てきました。その結果、たまごはヒプシロフォドンのものであることがわかりました。

ヒプシロフォドンとは、「高いうねりをもつ歯」という意味で、その歯の形が下の図のように、長くうねりのある歯をもっていたことによるのです。「鳥脚類」とよばれるきょうりゅうのなかまで、からだの大きさは、せいぜ

ヒプシロフォドンの復元模型

い二メートルほどですが、ガゼルのようにすばやく走りまわり、もっぱら草や木の葉を食べていたと考えられています。

たまごのからの化石は、砂にうずもれた部分はちゃんとのこっていました。ひなはからの中で太陽の熱を十分にうけて育ち、やがて、ひとりでからをわって出てきました。

ヒプシロフォドンは、草を食べるきょうりゅうですから、いつ肉食のきょうりゅうにおそわれないともかぎりません。だから、たまごの中で一人前に育ち、からをやぶって外へ

歯の化石

ヒプシロフォドンのたまご化石

出ると、すぐに走ることができたのでしょう。
古生物学者は、ヒプシロフォドンのあかちゃんは、たまごから生まれると、すぐに自分でえさをさがして食べ、親のせわにはならなかったのではないか、といっています。

マイアサウラのたまご

マイアサウラのめすは、巣の中にたまごを生み、ひなが生まれたあとも、ずっと子どものめんどうをみたことがわかっています。

生まれてすぐに走り出すヒプシロフォドンのあかちゃん

このきょうりゅうの骨は、ヒプシロフォドンとおなじ、アメリカのモンタナ州で発見されていますが、同時に、巣と思われるものも見つかりました。

この巣は、まわりに土をもり、巣の中からたまごのからやあかちゃんの骨、それに木の小枝や葉の化石も見つかりました。

マイアサウラは、「カモノハシりゅう」とよばれるきょうりゅうのなかまです。

このなかまには、たいらな頭に、かたいこぶや、トサカのようなものがついていました。

ウミガメのあかちゃんも生まれてすぐ砂浜から海にむかいます。

マイアサウラは、目の上に、みじかい骨のとげが出ており、ふだんは両足で四つんばいの生活をし、草や木の葉を食べるときは、うしろ足で立ちあがったのではないか、といわれています。からだの大きさは、九メートルほどのものもいました。

カモノハシりゅうのなかまは、みんなおとなしい草食きょうりゅうで、肉食きょうりゅうを見るとすばやくにげたでしょう。

さて、マイアサウラのたまごですが、先にのべたヒプシロフォドンのものとちがって、

巣の中で、こなごなにくだけていました。
そのことから、発見者のきょうりゅう学者ホーナーさんは、めすは巣にたまごを生んだあと、上から小枝や葉をかけたのだろう、といっています。小枝や葉は強い日ざしで発酵し、たまごをあたためます。めすは巣のそばで、たえず見守ったのでしょう。

たまごからひなが生まれたあとも、ひなは巣の中にいました。ホーナーさんによると、巣の中のたまごのからが、こなごなにくだけていたのは、生まれたあとも、ひなが巣の中

にいて、足でからをふみくだいたせいだ、といっています。

またひとつの巣からは、マイアサウラのおとなの骨と、子どもの骨がいっしょに見つかりました。

そのことからも、めすは巣や巣のまわりにいて、子どもがひとりでえさをとることができるようになるまで、せわをしたことがわかります。

そんなわけで、このきょうりゅうの名まえをつけるとき、古生物学者は、わざわざ「よ

マイアサウラのあかちゃんは大きくなるまで巣の中で育ちます。

いおかあさんトカゲ」と名づけたのでした。おかあさんは、たえず巣を見はり、子どもが生まれたあとも、せっせとえさを運んで子どものめんどうをみたのです。

プロトケラトプスのたまご

さてさて、この本のはじめのお話には、トリケラトプスのたまごが、小さな殺し屋トロオドンに食べられてしまい、かなしい思いをするところが出てきましたね。

鳥類も親がひなの面倒をみます。

また最後には、ゴルゴサウルスのたまごも、オルニトミムスに食べられてしまいます。

ざんねんなことに、まだトリケラトプスのたまごも、ゴルゴサウルスのたまごも、発見されていません。しかし、トリケラトプスの祖先であるプロトケラトプスのたまごが、モンゴルで発見されているところをみても、トリケラトプスがたまごを生んだことは、まちがいないでしょう。

プロトケラトプスのばあいは、親の骨がたまごのそばで見つかったことから、たまごは

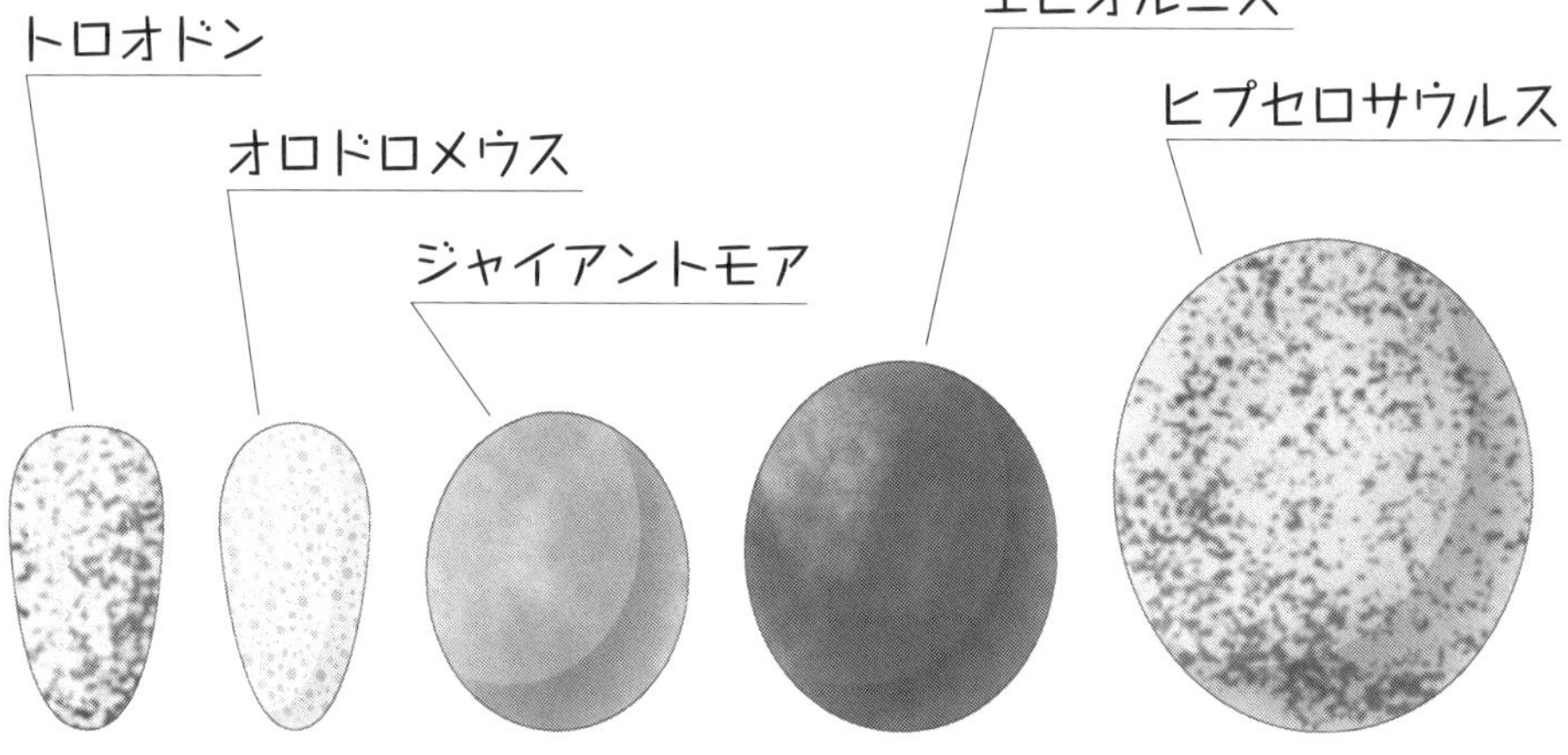

トロオドン
オロドロメウス
ジャイアントモア
エピオルニス
ヒプセロサウルス

生活していた場所の近くに生んだのだろう、と考えられています。

そんなことから、トリケラトプスも、プロトケラトプスとおなじように、近くの砂場にたまごを生み、ときどき見はりをしていた、というものがたりにしました。

前にも書きましたが、トリケラトプスは、野牛のように、なかまがかたまって生活していた、といわれています。

したがって、めすがたまごを生む場所も、きまっていたでしょう。ただ、ヒプシロフォ

卵の大きさ比べ

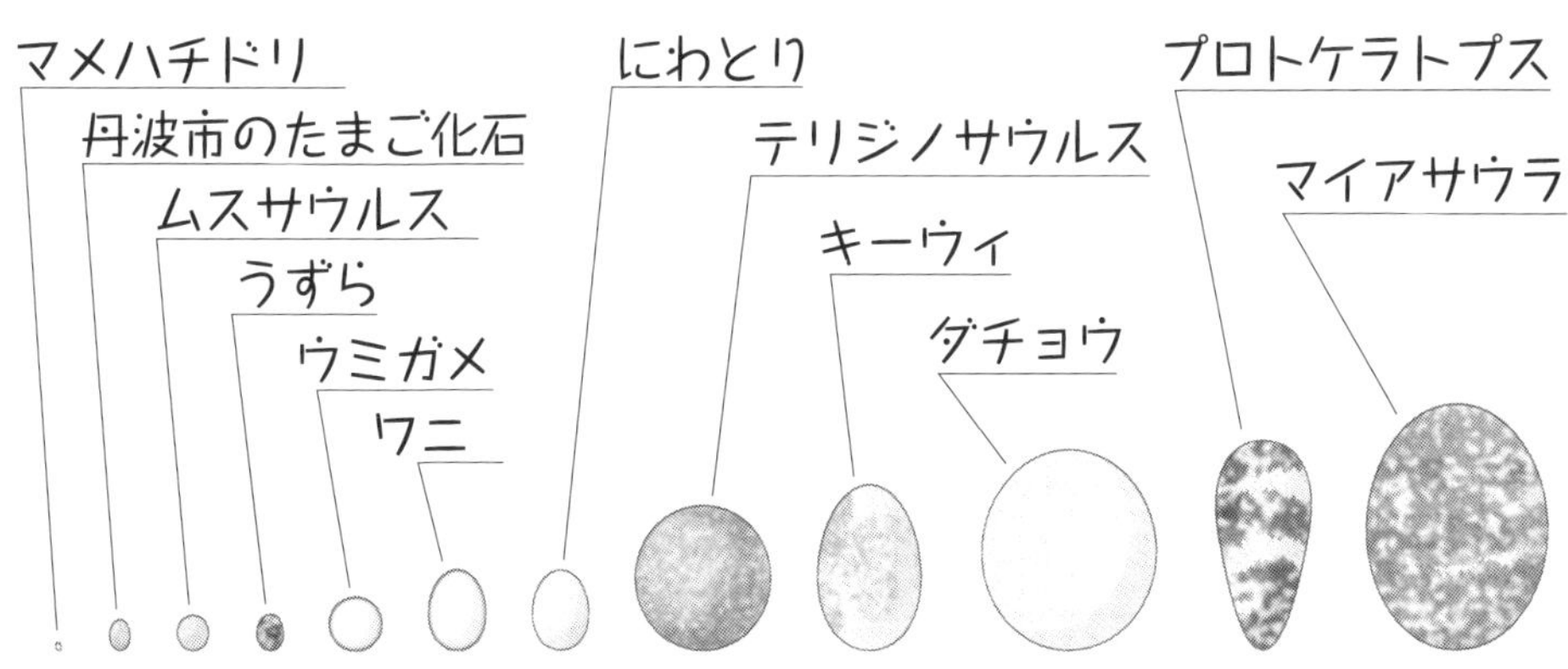

ドンのように、生みっぱなしだったのか、それともマイアサウラのように、ずっと巣にいて子どもを育てたのか、はっきりしないために、その中間をとりました。

めすは、砂場にたまごを生んだあと、いくどか見まわりをし、たまごは砂の熱でかえりました。生まれるとめすは、あるていど子どもがひとりで生活できるまで、めんどうをみたのではないでしょうか。

そのうちプロトケラトプスのように、トリケラトプスのたまごが発見されるかもしれま

カエルなどの両生類

トカゲなど、多くのは虫類

せん。そうすれば、もっとくわしいようすがわかることでしょう。

これまで発見されたきょうりゅうのたまごは、ほとんどが草食きょうりゅうのものでした。しかし肉食きょうりゅうもたまごを生んだにちがいありません。

メガロサウルスもアロサウルスも、そしてティラノサウルスやゴルゴサウルスも、たまごを生んだでしょう。ただ、いまのところ、それら肉食きょうりゅうのたまごが、どんなものだったかは、さっぱりわかりません。

たまごを生みっぱなしにする生きものたち

多くの魚類

ウミガメなど、海のは虫類

そこで、この本のものがたりでも、あばれんぼうのゴルゴサウルスがたまごを生み、そのたまごを、たまごどろぼうのオルニトミムスが食べるところを書きました。

きょうりゅうたちは、せっかくたまごを生んでも、オルニトミムスやトロオドンのような、たまごを食べるきょうりゅうたちにおそわれました。

モンゴルでは、プロトケラトプスのたまごのそばで「オビラプトル」(「たまごどろぼう」の意)の骨が発見されたことから、このオビ

タツノオトシゴ

クロホシイシモチ

一部の魚類

カモノハシは ほ乳類ですが
たまごを生んで世話をします。

カモノハシ

ほ乳類・単孔目

ラプトルがプロトケラトプスのたまごを食べたにちがいない、と思いこんだ古生物学者が、このきょうりゅうに「たまごどろぼう」という名まえをつけてしまったのです。

ところがのちの発掘で、オビラプトルがだいていたのは、自分のたまごだったことがわかり、オビラプトルは「どろぼう」でなかったことが証明されたのですが、かわいそうに、いまも名まえは「どろぼう」のままです。

最近になって、オルニトミムスのなかまで

生んだ たまごの世話をする生きものたち

鳥類

ワニなど、一部のは虫類

ある「オルニトミモサウルス類」（ダチョウきょうりゅう）の骨が発掘された知らせが、日本の各地からよせられています。

最初に背骨の一部が出てきたのは、群馬県神流町（一九八一年）。ついで二〇一三年に福井県勝山市で指先の骨が、二〇一五年に熊本県御船町で背骨の一部が見つかりました。

この本のものがたりのように、おそらく八千万年前の日本でも、食べたり食べられたり……そんなできごとが、くりひろげられたにちがいありません。

たかしよいち

1928年熊本県生まれ。児童文学作家。壮大なスケールの冒険物語、考古学への心おどる案内の書など多くの作品がある。主な著作に『埋ずもれた日本』(日本児童文学者協会賞)、『竜のいる島』(サンケイ児童図書出版文化賞・国際アンデルセン賞優良作品)、『狩人タロの冒険』などのほか、漫画の原作として「まんが化石動物記」シリーズ、「まんが世界ふしぎ物語」シリーズなどがある。

中山けーしょー

1962年東京都生まれ。本の挿絵やゲームのイラストレーションを手がける。主な作品に、小前亮の「三国志」シリーズ、「逆転!痛快!日本の合戦」シリーズなどがある。現在は、岐阜県在住。

◇本書は、2001年11月に刊行された「まんがなぞとき恐竜大行進 13 はやいぞ!ドロミケイオミムス」を、最新情報にもとづき改稿し、新しいイラストレーションによってリニューアルしました。

新版なぞとき恐竜大行進

オルニトミムス ダチョウの足をもつ羽毛恐竜

2017年5月初版
2023年2月第2刷発行

文　たかしよいち

絵　中山けーしょー

発行者　鈴木博喜

発行所　株式会社理論社
〒101-0062 東京都千代田区神田駿河台 2-5
電話［営業］03-6264-8890［編集］03-6264-8891
URL https://www.rironsha.com

企画…………山村光司

編集・制作…大石好文

デザイン……新川春男(市川事務所)

組版…………アズワン

印刷・製本…中央精版印刷

制作協力……小宮山民人

ISBN978-4-652-20199-2 NDC457 A5変型判 21cm 86P

遠いとおい大昔、およそ１億６千万年にもわたって
たくさんの恐竜たちが生きていた時代――。
かれらはそのころ、なにを食べ、どんなくらしをし、
どのように子を育て、たたかいながら……
長い世紀を生きのびたのでしょう。
恐竜なんでも博士・たかしよいち先生が、
新発見のデータをもとに痛快にえがく
「なぞとき恐竜大行進」シリーズが、

新版になって、ゾクゾク登場!!

新版 なぞとき 恐竜大行進

第Ⅰ期 全5巻

①フクイリュウ　福井で発見された草食竜
②アロサウルス　あばれんぼうの大型肉食獣
③ティラノサウルス　史上最強！恐竜の王者
④マイアサウラ　子育てをした草食竜
⑤マメンチサウルス　中国にいた最大級の草食竜

第Ⅱ期 全5巻

⑥アルゼンチノサウルス　これが超巨大竜だ！
⑦ステゴサウルス　背びれがじまんの剣竜
⑧アパトサウルス　ムチの尾をもつカミナリ竜
⑨メガロサウルス　世界で初めて見つかった肉食獣
⑩パキケファロサウルス　石頭と速い足でたたかえ！

第Ⅲ期 全5巻

⑪アンキロサウルス　よろいをつけた恐竜
⑫パラサウロロフス　なぞのトサカをもつ恐竜
⑬オルニトミムス　ダチョウの足をもつ羽毛恐竜
⑭プテラノドン　空を飛べ！巨大翼竜
⑮フタバスズキリュウ　日本の海にいた首長竜